路邊攤 超人氣 小吃 DIY

目錄 CONTENTS

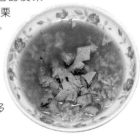

46 鹹米苔目

台灣如今各地都有不同風味米苔目，甜米苔目已成為極具代表性的夏日冰品，而鹹米苔目在每個縣市都有其強調的口味，例如花東、員林地區的肉燥米苔目；以蝦米、韭菜和胡椒為主料的客家米苔目；用豬頭肉湯頭輔以油蔥的嘉南古早味米苔目等等。

54 四神湯

四神湯主要是治療食慾不好、或腸胃消化吸收不良、容易腹瀉或腹部脹滿等症狀，也適合小孩子或發育成長的青少年使用。尤其小孩子在民間所謂的「轉大人」期間，家長常會為其進補，為的是幫助他們長大、長的更高更壯。

60 當歸鴨

當歸在中藥行裡是很普遍的藥材，更是我們日常生活中常用的養身食補。在中國，當歸應用於多種疾病的治療，包括腦動脈疾病、挫傷性主動脈呼吸疾病、皮膚病、肝炎以及脊髓灰白質炎。此外，當歸也已證實對於婦科疾病具有療效。

74 傳統豆花

由黃豆磨製成的豆花，香滑白嫩，任誰看了都想吃一口，在夏天，滑滑的豆花，加上一些碎冰，淋上特別熬製的糖水，再搭配自己喜歡的配料，像紅豆、花生等，就是一碗老少皆宜的冰豆花。冬天吃豆花，只要加上熱薑汁，豆花搖身一變就成為一碗熱呼呼的甜品。

68 燒酒蝦

蝦具有豐富的營養，含有蛋白質、碳水化合物、鐵、維生素A、鈣、核黃素、脂肪，其中谷氨酸含量最多，鮮味就是由此而來。此外還有微量元素硒，據說能預防癌症。新鮮的蝦滋味鮮美肥嫩，吃起來沒有惱人的魚腥味，也沒有骨刺，可說是備受老人、小孩的青睞。

82 手工肉圓

肉圓是最具代表性的台灣傳統小吃之一，這種以在來米粉、蕃薯粉蒸煮製成外皮，裹上鮮肉、竹筍內餡的鹹食，至今已有近二百年的歷史。據說最早的的肉圓起源於彰化北斗，大眾口味的肉圓很快的流傳到台灣各地，並在不同的地域發展出不同的做法和風味。

超人氣小吃DIY 省荷包又解嘴饞

大都會文化DIY系列叢書《路邊攤美食DIY》與《嚴選台灣小吃DIY》推出之後，獲得讀者廣大的迴響。這一次大都會編輯部再度挑選出大家耳熟能詳，一吃再吃而欲罷不能的美食將其作法集結成冊，書中請各家路邊攤老闆親自示範，鉅細靡遺的為讀者寫出製作步驟，探聽出美味好吃的秘訣，每一道小吃都是經典，都是老闆們的心血結晶。讓您嘴饞卻又不想出門時，照著本書中的詳細步驟，就可以一步一步做出美味的小吃，不僅衛生，口味還可自行變化，隨心所欲的做出想吃的路邊攤美食。

路邊攤小吃對於台灣人來說，是從小陪伴大，不論是油炸的鹹酥雞、芝麻球，還是料多味美的麵線、養顏美容的木瓜牛奶等等，各式各項的小吃充斥在生活的周圍。路邊攤就像是永遠都不會關門的7-11一般，為我們的生活增添了方便與樂趣。而那傳統的美味，也是許多出國的遊子們

所念念不忘的家鄉味。

　　但是經濟不景氣，荷包越來越扁，物價卻越來越高，直接影響到許多人的日常生活，外出吃個自助餐，夾沒兩樣菜，就要花掉五十元甚至更多，一天三餐也變成一種負擔。在買什麼都貴的情況之下，要如何省錢呢？當然是自己動手做最划算。外面一碗賣將近一百元的麻油雞，小小一粒就要三十元的肉圓，只要自己肯在家動手DIY，成本根本不到一半，自己解嘴饞吃的盡興，又可以在動手做得過程中和家人培養感情，最重要的是能為您省下大筆鈔票，一舉多得，何樂而不為呢？

　　【路邊攤超人氣小吃DIY】這一次為各位喜歡動手做美食老饕們，精選了許多超人氣小吃，包括芋頭牛奶冰、紅燒鰻、手工肉圓、胡椒餅、涼麵、當歸鴨、豆花與蔥燒餅等等。由路邊攤老闆們親自示範，完全不藏私的將煮好吃料理的訣竅通通告訴您，讓您在家也可以做出美味可口的小吃，不再需要辛苦的排隊。

　　想要在家做出如路邊攤小吃不再是難事，只要按圖索驥，花點心思與時間，就能做出既衛生又營養的道地美味。開始享受自己在家DIY的樂趣吧！

涼麵

麵是中國人的主食之一，不僅僅麵條的總類多，有細麵、寬麵、雞蛋麵、雞絲麵、油麵、刀削麵、拉麵、意麵等等，口味也因「麵」而異，不同的麵適合不同的調理方式，可以熱熱的吃，可以放涼之後品嚐，甚至可以放在冰水裡吃。隨著不同季節，不同材料，麵的吃法冷熱皆宜千變萬化，尤其是在夏天，炎熱的天氣讓人沒有食慾，這時候若能來上一盤消暑的涼麵，讓冰涼Q滑的麵條刺激麻木的味蕾，清爽的醬汁來提振消沉的元氣，不但能夠解決食慾不振的問題，也能果腹止饑。

涼麵的由來相傳是武則天尚未入宮前，與情人吃山西麵時燙傷了舌頭，兩人便合力研發了涼麵。其實涼麵並不是只有中國人才有的料理。鄰近的國家包括日本、韓國甚至是南洋地區等國家，也許是因為位處在亞熱帶、熱帶，天氣悶熱食慾容易不振，涼麵因此成為桌上佳餚。不過每一國家各有特色不同，像韓式涼麵，多以牛骨髓湯為底，Q嫩的麵條搭配上韓式泡菜，口感又辣又提神，再搭配上多樣蔬果絲來中和，吃起來更加過癮。相較起來，日式涼麵就走比較清淡的路線，無論是烏龍麵、蕎麥麵或者是素麵（類似麵線）都是滾水煮熟後用冰水泡涼，沾由柴魚、薄醬油、海帶所製成的沾醬來吃，有些人還習慣加上細蔥與芥末來提味，吃起來清爽無比，最適合夏天吃了。

大體上來說，台灣人所吃的涼麵，是以油麵淋上醋、醬油、芝麻醬、蒜汁混合做成的香濃醬汁，搭配上小黃瓜絲、紅蘿蔔絲、蛋絲與雞胸肉絲等配料，不僅僅顏色看起來鮮豔誘人，吃起來滿嘴芝麻香，營養滿分，若再配上一碗熱騰騰的味噌湯暖胃，可真是人生一大享受。

涼麵

「店裡的涼麵都是前一天晚上煮好，隔天一早就現賣，醬汁也是現場依顧客的口味來調製的。所以在我們這邊的涼麵，保證是最新鮮的食材。」
老闆、老闆娘·柳友梅先生及柳太太

因為好吃，所以賺錢

柳記涼麵

地址：台北市光復南路21之1號
電話：（02）2763-4573
每月營業額：35萬元

製作方式

製作油麵時需用到的材料為乾麵以及沙拉油，所用到的醬料則有芝麻醬、鎮江醋、辣椒醬、蒜汁、芥末等，這些醬料市面上皆有售，買回來後再自行加水調配，份量依個人口味斟酌；配料則有小黃瓜絲。

材料

乾麵適量
沙拉油適量
麻醬適量
辣椒醬適量
蒜汁適量
小黃瓜適量
鎮江醋適量（端看個人喜好，通常每盤涼麵約一大匙

前製處理

先將一袋袋的乾麵抖鬆，當水煮滾後開始下麵，每次下麵約一袋的份量，在下麵之後每當水沸騰時，就要再加入約一瓢的冷水進去。

①

麵條浮起來後，就要開始撈麵，撈麵時的速度要快，否則煮太久，麵條吃起來的口感會太爛。

將撈起來的麵條放進鍋中，將水瀝乾。

將煮好的麵條攤開平放在檯子上或大桌子上，並淋上3、4匙左右的沙拉油在麵條上。

用一雙大筷子不停挑動麵條，除了要不停的翻動之外，並藉由冷氣及電風扇來散熱。

製作好的油麵成品。

獨 家 秘 方

　　煮麵時的技巧是影響油麵本身口感的主要原因，像是煮麵時加冷水的時間，撈麵的速度要快，起鍋後的麵條要不停翻動，經由冷氣、風扇來散熱，才能使麵條更美味。

　　在家自個兒製作涼麵，只要份量不多，用一般大小的鍋子及瓦斯爐即可，將水煮滾，放入一把左右的麵條，待麵條浮上來之後迅速撈起待涼。通常一、二人份的麵條只需一小匙沙拉油，不需太多，只要讓麵條均勻吸收到油份即可。

製作步驟

1

將新鮮的小黃瓜刨絲備用。

2

挑適量的涼麵在盤中。

3

加入些許的小黃瓜配料。

4 淋上一大匙左右的芝麻醬。

5 淋上一大匙左右的蒜汁。

6 加入一小匙辣椒醬。

7 淋上適量的鎮江醋。（凡蒜汁、辣椒醬、鎮江醋等調味料，皆依個人口味酌量加入）

8 好吃的涼麵就可以端上桌了。

蔥燒餅

芝麻燒餅是由我國唐代開始盛行的「胡餅」演變而來的。將其稱之為胡餅,是因為它原是西域胡人的餅食,西漢起絲路交通興盛,使得中亞一帶的奇風異俗傳入中國,到了唐代,中原已有頗具規模的燒餅行了,詩人白居易曾為此寫下「胡麻餅樣樣學京都,麵脆油香新出爐」的詩句,足見燒餅的魅力。

燒餅上的芝麻其實也來自西域,因漢使張騫出塞,從大宛國帶回種子在內地引種,故又稱「胡麻」。芝麻在中國藥學裡一直獲得很高的評價,《本草綱目》中便記載芝麻能「益氣力、張肌肉,埴腦髓。久服,輕身不老,堅筋骨,明耳目,耐飢渴,延年,使白髮返黑。」

傳統的燒餅以麵粉裹上芝麻放入土窯裡烘烤,烤好的餅香鬆酥脆,不但可做為早點,亦是旅行時很好的口糧。早期的中國北方由於以麵為主食,成了燒餅重鎮,隨著時代的變遷,燒餅漸漸的傳到中國各地,也發展出許多不同的口味。燒餅的好搭檔——油條,據說是在南宋時期發明的,此後便有燒餅夾油條的吃法。加入蔥花無疑使味道素樸的燒餅更上層樓,其源頭已不可考,一般相信是在燒餅傳入江南之後。

現代民生富庶,燒餅的做法更是千變萬化,除了蔥還有肉、蘿蔔絲、紅豆、棗泥等內餡,在選材用料上也相當講究,例如目前在台灣即盛行用宜蘭的三星蔥來做餅。這種蔥產於宜蘭縣的三星鄉,三星地區因為位居蘭陽溪上游,水質清澈,加上有來自雪山山脈的西風,全年溼度高,特別適合蔥蒜生長。三星青蔥,蔥白長,質地細緻、蔥味芳香。三星青蔥的蔥葉與蔥白含粘質的硫化物,可利尿、祛痰、發汗,深受大眾的肯定與喜愛。

我來介紹

「我們店裡的東西都是用炭火烤的，有點焦又不會太焦的原始風味，讓我們每天都會賣出好幾百個燒餅。」

老闆・簡綱輝

因為好吃，所以賺錢

東林燒餅

地址：台北市樂業街137號
地址：（02）2378-4796
每營業額：60萬

製 作 方 式

材料
〈約8個〉

燒餅的主角是麵粉，這裡用中筋麵粉使餅Q韌有彈性，又不致太難撕咬。建議青蔥使用宜蘭的三星蔥，這種蔥不但色澤翠綠，味道也更香濃。以炭烤筒來烘烤燒餅是最理想的，如果想省卻製作烤筒的麻煩，也可以烤箱來烘餅。在製餅過程中，別忘了先將烤箱預熱至攝氏250度。

中筋麵粉400g
低筋麵粉30g（製作油酥用）
豬油15g（製作油酥用）
熱開水130g
冷水150g
鹽酌量
三星蔥酌量
白芝麻酌量
糖水少許
老麵少許(無亦可)

前製處理

(1) 三星蔥洗淨,切成蔥花。

(2) 準備老麵一起放入攪拌器中攪拌(或用
手拌揉)。

(3) 白芝麻先泡水約10分鐘濾乾待用。

(4) 將豬油置入鍋中加熱,再倒入低筋麵粉
抄至金黃色即成油酥。

製作步驟

攪拌好的麵糰切成大小適中
的麵糰塊,然後將其放涼。

中筋麵粉加入開水、冷水及老麵放進攪拌
機內攪拌(或用手拌揉)。

將麵糰揉成長條狀抹上油酥
後再桿平。

獨家秘方

1) 燒餅需要用燙麵來做，才會柔軟好吃。燙麵的水要攝氏90度以上的滾水才行，溫度不夠，做出來的燒餅會變得乾硬。

2) 雖然只是簡單的燒餅，但加入了三星蔥，再加上炭烤的手法，風味更佳。讀者可以利用自製烤筒或烤肉架來試一試。烤筒的做法如下：先買一個大油桶及一個陶瓷製的烤缸，到鐵工廠請人在油桶下方挖個通風孔，將陶瓷製的烤缸放入油桶內，然後再攪拌水泥塗在烤缸的內壁。

3) 老麵也就是放隔夜自然醱酵的麵團，這種麵可代替酵母會使燒餅蓬鬆，並多一種醱酵後的香味。

4 在桿平後的麵糰上撒鹽，再桿平一次。

5 然後撒上蔥花，並將蔥花完全包裹在麵糰裡，再桿平一次。

6 然後塗上一層糖水。

7 撒上滿滿一層的白芝麻。

8 將處理過的麵糰切成長方形
塊狀。

9 最後放進烤筒裡烤熟即可。在家製作可
放入攝氏250度烤箱烤約10分鐘。

10 烤好的蔥燒餅。

胡椒餅

福州小吃在台灣相當盛行，除了因為近水樓台口味相通，也因為它們濃濃的鄉土味，令人不禁懷想起先民過海拓荒的歷史，這些勤奮純真的人們帶來的不僅是良田華屋和經濟奇蹟，還有許多純樸自然的美味，例如福州傻瓜麵、福州魚丸等等。其中，福州胡椒餅應該算是最受歡迎的點心了。

胡椒餅最早稱為蔥肉餅，由於源自福建福州，所以也稱為福州餅，是一種以蔥、肉為餡的烤餅，餡料中並加入許多胡椒，創造出獨特的香濃口味。胡椒餅的餅皮酥中帶韌，兼具山東大餅的咬勁和千層酥的酥脆，配上微辣的青蔥和大量胡椒，口味濃重，無論是做為正餐或點心都很適合。由於台灣以前少有麵點使用大量胡椒，「胡椒餅」因而取代了原來的蔥肉餅，成為大家慣用的名稱。

隨著時代的轉變，胡椒餅的口味也有許多變化，最早的福州餅餅皮較硬，吃起來有北方麵餅的韌性和麵香，內餡常以肥豬肉或絞肉為主，可以品嚐到濃濃的豬油香、蔥香和胡椒香。現今的人們喜好精緻的南方口味，胡椒餅也添加了更多油酥，使其吃起來更香脆、更有層次感。健康養生觀念也使現代胡椒餅摒棄香噴噴的豬油，改以精瘦的腿肉做為肉餡。一些講究的店家甚至在材料的選擇上大費心思，例如有些店家即以價格貴上一倍的宜蘭三星蔥，或者印尼上等胡椒粉做為號召。

在家DIY的好處是可以自己調配食材，建議讀者不妨多方嚐試，除了運用上列的高級材料，據說加入現磨的黑胡椒粉也能產生另一種不同的風味。

我來介紹

「做胡椒餅需要真功夫，不是隨便可以學得來的。我們使用的原料絕對新鮮，而且有品質保證。」

老闆・黃孃孃

因為好吃，所以賺錢
福州元祖胡椒餅

地址：台北市和平西路3段109巷巷口
電話：（02）2308-3075
每月營業額：約100萬元

製 作 方 式

材料
〈約可做20個〉

中筋麵粉1斤（加6兩溫水）
青蔥半斤
黑豬肉絞肉（瘦肥摻半）半斤
瘦豬肉半斤
傳統豬油2大匙
乾酵母1大匙

調味料

胡椒粉2大匙

五香粉1/4茶匙

醬油1大匙

鹽2茶匙

味精1大匙

糖1茶匙

(1大匙=15cc 1小匙=5cc)

前製處理

麵糰

（1） 在6兩溫水中加入1大匙的乾酵母粉調勻，使其溶化。

（2） 於1斤的中筋麵粉中，加入已調妥的酵母粉水攪拌揉勻。

（3） 再加入發好的老麵糰和新麵混合揉至光滑。

（4） 靜置醒麵約40分鐘。

（5） 待麵糰膨脹至原來的2倍大即成餅皮麵糰。

油酥

（1） 在6兩的中筋麵粉中加入2大匙的豬油。

（2） 將豬油和麵粉揉勻成團狀。

瘦豬肉餡

（1） 將半斤的瘦豬肉切成小塊。

（2）於豬肉塊中加入2大匙胡椒粉、1/4茶匙五香粉、1/4茶匙肉桂粉、1大匙醬油、2茶匙鹽、1大匙味精、1茶匙糖攪拌調勻。

絞肉餡

（1）將半斤的豬絞肉摔打成較有彈性。

（2）於絞肉中加入2大茶匙胡椒粉、1/4茶匙五香粉、1大匙醬油、2茶匙鹽、1大匙味精、1茶匙糖攪拌均勻。

蔥花

（1） 將蔥花挑選、洗淨。

（2） 稍微瀝乾水份切成蔥花。

獨家祕方

1）在麵皮裏加入油酥可使餅皮產生
　　層次感，麵皮上刷上果糖水可使
　　餅皮口感更酥。

2）製作油酥餅皮時，不可將麵糰及
　　油酥任意揉勻，而必須依步驟在
　　麵糰上加入油酥後，用手將兩者
　　推壓平，再將麵皮捲起，重覆此
　　動作2次，餅皮才會成酥脆狀，
　　否則亂揉麵皮會使餅皮烤出時變
　　硬，且無層次口感。

1 將麵糰捏成一小團、一小團。

2 於小麵糰上置一小坨油酥，來回桿
2次，製成油酥小麵糰。

3 壓平小麵糰,桿薄成麵皮,包入適量的肉塊餡。

5 在包好的胡椒餅表面刷上果糖水並沾上大量白芝麻。

4 再包入絞肉餡及蔥花。

6 將烤箱預熱至攝220度,置入烤盤烘烤約20分鐘即可。

芋頭牛奶冰

芋頭是一種多年生草本的天南星科植物,為亞熱帶地區重要糧食作物。其美妙滋味不容忽視,健康療效也十分可觀。芋頭含有半纖維素、果膠與水分,可以促進腸內有益菌的繁殖,並將腐敗菌排出體外;還有一種獨特的黏汁以及糖分,可以保持身體溫暖;另外,可預防高血壓,而含氟量高可防齲、保護牙齒;此外,常吃芋頭還可以促進腸道健康,預防大腸、直腸的毛病。由此可見芋頭可說是營養又健康的美食。

但是好吃的芋頭吃太多之後卻容易胃脹,所以腸中有氣體停留、脹氣的人,吃了芋頭後胃腸道的氣體會越積越多,可是,若是以適宜的烹調方法則可預防不消化和脹氣產生。可以將芋頭久煮,也就是放極少量的水,長時間蒸煮,如此一來,芋頭所含的澱粉就變得比較容易消化,不會導致胃腸脹氣。

芋頭所含有特殊黏液,就是所謂的草酸鈣,據說可促進肝解毒,鬆弛緊張的肌肉及血管。在削芋頭皮時,手會發癢,也是此黏液在作怪。而去除芋頭黏液的方法,首先是先將芋頭削去皮後泡在水中,再用鹽搓洗後則會洗得更乾淨,去除黏液後再放入熱水中煮2～3分鐘效果更好。煮芋頭時如果不去除黏液而直接下鍋煮的話,芋頭會產生澀感,且不容易入味。

另外,有一個削芋頭手不發癢的小秘訣,那就是在削芋頭前,先將自己的一雙手放在食用醋中泡洗一下,這樣削生芋頭就不會有手發癢的困擾,不過千萬不要削到一半,因為受不了醋酸的味道而跑去洗手,這樣就無效了。另外要注意的是,手上有傷口的人,也不適用於這個小秘訣。

我來介紹

「店裡的招牌芋頭都是來自全省各地品質最佳的芋頭，不但口感佳也含有豐富的營養成分，因為盡心去做才能提供顧客一碗這樣香Q爽口的芋頭牛奶冰。」

老闆·李秋榮先生

因為好吃，所以賺錢
芋頭大王

地址：台北市永康街15號之4
電話：（02）2321-7649
每月營業額：約80萬元

製 作 方 式

　「芋頭大王」的李老闆經過多年的研究，發現山上的芋頭不僅口感佳，營養也相當豐富。這主要是由於山上的芋頭是用紅土播種，含鈣量豐富，但是相對地生產的數量也不多，因此價格自然不便宜，每公斤的進貨價格約在六十元左右。

材料

芋頭適量（看個人喜好）
砂糖（製作芋頭時，糖與芋頭所放的比例為2：1）
煉乳適量
奶水適量

前製作業

2 先將芋頭的頭尾部切掉,再依同等份將芋頭平均切塊。切芋頭時記得戴上手套,以免手發癢。

1 先將芋頭削好皮備用,用清水及菜瓜布將芋頭清洗乾淨。

3 將切好的芋頭塊,重疊平放在內鍋中。

在裝有芋頭的內鍋中注滿水。

當內鍋的芋頭已經蒸熱時,加入白糖,芋頭與白糖的比例是2比1。

在大鍋內注入適量的水,再將裝有芋頭的內鍋放進大鍋中,蓋上鍋蓋,開火準備蒸煮。在蒸煮的過程中外鍋需隨時加水來維持蒸氣,直到裝有芋頭的內鍋裡的水分蒸乾為止。

7

繼續蒸煮，直到內鍋的水分完全蒸乾時，糖分便會均勻地滲進芋頭內，便可關火。

8

蒸煮好的乾芋頭成品，放著備用。

製作步驟

1

將冰塊刨成適量的清冰。通常市面上有賣家用的小台挫冰機，或者到外面的冰店直接買清冰回家也是不錯的辦法。

獨家秘方

蒸煮芋頭所使用的器具很簡單,就是鍋子跟瓦斯爐而已。一般人在家蒸煮芋頭,可準備二個尺寸大小不同的鍋子或是電鍋,依照上述的方式,當內鍋芋頭已經快蒸熟時再加入砂糖,記得在外鍋要一直維持水分,直到內鍋的水完全蒸乾喔!

2 在清冰上放入切好的芋頭塊,可以依照每個人喜歡口味,放上不同份量的芋頭。

3 淋上適量的煉乳。

4 再刨些許清冰在芋頭上。

5 淋上適量的奶水,即完成好吃的冰品。

6

完成後的芋頭牛奶
冰成品。香Q滑嫩的
芋頭,保證讓你一
口接一口。

紅燒鰻

鰻魚的食用價值高,其含肉率達84%,蛋白質含量高於牛肉、豬肉。特別是鰻肉含有人體需要的豐富的氨基酸,還含有豐富的維生素。其維生素B1、B2和維生素A的含量分別是牛奶的25倍、5倍和45倍,鋅含量是牛奶的9倍,特別是近年來更發現鰻肉富含動植物所缺乏的多種高度不飽和脂肪酸,對兒童、婦女、中老年人的健康有益,並能延緩人體衰老,故享有「水中人參」之譽。

日本人很早就知道鰻魚的好處,每年在活動量最大的夏季,都會吃鰻魚來補身,形成了有六百多年歷史的「鰻魚節」。在鰻魚節這天,他們會將鰻魚以蒸或烤的方式烹調進食,據說不但有益健康還能壯陽。由於過去鰻魚無法人工養殖,因此成了和河豚一樣珍貴的食品,日本最高級的套餐「御定食」就是以烤鰻魚為主菜,成為極具特色的鰻文化。

鰻在中國菜裡的變化比日本要豐富多了,尤其在東南沿海一帶,由於盛產各種鰻魚,煎、煮、炒、炸各種菜式都有。如寧波著名的鍋燒鰻、紅悶河鰻、坎門漁區的新風鰻鯗(一種以海鰻加酒、鹽醃製的魚乾)、閩南地區的桔燒鰻等。台灣小吃中著名的紅燒鰻是由福州菜「紅糟鰻」演變而來,除了延襲古法以紅酒糟醃炸鰻魚,再以高湯、包心菜燉煮,素有養生觀念的台灣人還在湯頭中加入了枸杞、當歸等中藥材,使原本就營養豐富的鰻魚料理更加滋補。

由於現今市面上的鰻魚多為人工養殖,帶有較重的土味,處理時要特別注意清洗乾淨,此外以酒、紅糟長時間低溫醃製可去盡去腥味,並增加魚肉的風味。

我來介紹

「紅燒鰻的魚鰭和魚尾由於活動量大，所以肉質最為細膩，魚背少刺，又富含膠質，而且食用鰻魚還可以整治胃病，鰻魚油更可以降低膽固醇，好處可是講不完哩！」

老闆‧張根藤先生

因為好吃，所以賺錢
昌吉紅燒鰻

地址：台北市昌吉街51號
電話：（02）2592-7085
每月營業額：約150萬元

製 作 方 式

材料
(4~6人份)

鰻魚1斤
中藥香料（當歸4錢、川芎2錢、枸杞1兩、八角1錢、肉桂1錢）
紅酒糟2兩
醬油2大匙
米酒1大匙
味精1/2茶匙
鹽1/2茶匙
胡椒少許
大蒜少許
紅蔥頭少許
沙拉油酌量
黑醋少許

前製處理

(1) 將鰻魚以紅酒糟、醬油、鹽、味精、米酒等調味料混合醃製半個小時至1小時。

(2) 洗淨後將各部位切塊放入冷藏櫃中低溫醃製。

(3) 24小時後加以攪拌藉以入味（同時可排出鰻魚體內水份）

(4) 中藥材熬煮約半小時成高湯底。

(5) 鰻魚放入油鍋內以180度高溫油炸至熟透為止。

製作步驟

加入中藥材至熱水中。

過濾中藥湯頭。

獨 家 秘 方

在低溫醃製過程中，加入紅酒糟可增加香味，醃製時間愈久，魚肉愈香。

③ 將欲食用的紅燒鰻加入湯底中。

④ 加入切碎洗淨的高麗菜。

⑤ 加入少許米酒、油蔥酥及蒜泥。

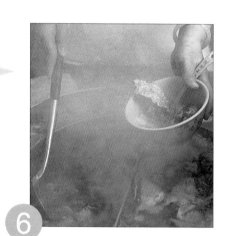

⑥ 待紅燒鰻及高麗菜加熱後即可撈起食用。

⑦ 紅燒鰻成品。

台式肉粥

粥，又稱稀飯，是中國傳統的主食之一。喝粥可以調節胃口、增進食慾，補充身體水份，古人病弱之時往往食粥代飯。此外，粥也是貧窮農家的體力來源，過去的農村社會人口眾多，米糧不足，往往將白米煮成湯粥才得以全家共享。

食粥在中國已有數千年歷史，《禮記‧檀弓篇》上就有關於粥的記載。宋代詩人陸游做了一首食粥詩云：「世人個個學長年，不語長年在目前，我得宛立平易法，又將食粥致神仙。」蘇東坡嚐了黃豆漿和無錫米熬煮的粥品後詩興大發，寫下了「身心顛倒不自知，更知人世有真味」的詩句。清代的曹雪芹也是位品粥大家，他在《紅樓夢》裡，記載了許多珍奇的粥方，他的祖父曹寅也對粥頗有研究，曾著《粥品》一書。

吃粥的文化在中國大江

南北各有一套發展。例如蒙古的羊肉粥、北方的小米粥、中國年節時吃的臘八粥、香江著名的廣東粥、江南的桂花鮮栗粥、八寶粥等等。台灣可說集中國飲食之大成，粥品也相當多樣化，不過本省土產的台式肉粥，相信還是許多人的最愛。

從日據時代開始，台灣各地便有肉粥小攤的蹤跡，這些小攤原本只賣早點時段，後來由於食材日益豐富，亦加入許多配菜而廣受歡迎。傳統的台式肉粥材料和做法很簡單，強調以生米和肉湯現煮現吃，佐以爆香的蝦米、紅蔥頭和豆皮，十足的鄉土口味，配上傳統的台式小菜如酥炸紅糟肉、蚵仔酥、豬雜切盤，清淡爽口卻營養豐富。

和廣東粥一樣，肉粥的成敗湯頭是很重要的一環，然而台式肉粥的湯頭並不似廣東粥一般濃沈，熬燉時要使其清澈鮮香，所以多以

「店裡的食材都是當天一早採買的，粥也是現煮現賣，吃到的絕對是最新鮮、剛起鍋的粥。」

老闆‧周意清先生

周記肉粥店

地址：台北市廣州街104號（龍山寺附近）

電話：（02）2302-5588

每月營業額：約240萬元

大骨和適量鮮豬肉一起燉煮，時間以七至十小時為宜，還要時時注意去除雜質。此外，煮粥的火候也很重要，白米在經過長時間浸泡後，再以大火快煮，才能使米粒熟而不爛，米、湯分明，滋味充分融合。

製作方式

材料

〈6人份〉

　　製作肉粥需用到的材料很普遍，隨處都可以買得到。主要有白米(蓬萊米)、蝦米、紅蔥頭、豆皮(可用包裹壽司用的豆皮)。一般民眾在家製作時，也可自行添加喜愛的其它副料、如肉羹、海鮮、香菇、鮮筍等。

白米1斤
蝦米1兩
紅蔥頭5錢
肉羹3兩
高鮮味精1茶匙
鹽1茶匙
醬油少許
豆皮少許

前製處理

（1）白米以清水來回清洗，之後靜置浸泡30分鐘，蝦米也須以清水洗滌和浸泡30分鐘。紅蔥頭先以熱油炒過，豆皮切成小塊狀。

（2）肉羹製作方法：里肌肉半斤切薄片泡入醬油一大匙，麻油一小匙，太白粉一大匙，廿分鐘後拌入魚漿及爆香的紅蔥頭一大匙。燒半鍋開水，將魚漿肉一塊塊投入鍋中燒開，熟後撈出即是肉羹。

製作步驟

1 水滾沸後放入浸泡處理後的白米。

獨 家 秘 方

1) 米用清水洗過後的靜置浸泡,可
   使米粒充分吸水膨脹,變得飽
   滿,便於煮熟。煮的時候注意火
   侯,水滾沸後放入米大火煮七至
   八分鐘即可,米粒才不致煮得糊
   爛。此外大火烹煮時常會碰到粥
   湯滾沸後溢出鍋外,此時只要在
   鍋內滴入三、四滴食用油即可防
   止粥湯溢出。

2) 煮粥時也以大骨高湯代替水,味
   道會更香濃,不過要注意熬煮高
   湯時要過濾雜質,使其清澈,此
   外若以高湯代水也需減少味精及
   鹽的用量。

3) 酥炸三層肉是肉粥的好搭檔,做
   法如下:將三層肉或梅花肉塊用
   紅糟粉、水、地瓜粉、少許酒和
   鹽揉入味,靜置三十分鐘後入鍋
   以中小火炸熟,即可盛起切片。
   三層肉沾醬的做法:用紅糟、
   薑、大蒜、味噌、黑豆瓣醬、黃
   砂糖、紅糖、鹽、味精、甜辣
   醬、紅辣椒粉加水煮沸即可當醬
   汁沾用。

② 加入前置處理過的蝦米。

③ 煮約七至八分鐘,觀察米粒膨脹飽滿度,
米粒要膨脹至稍有破裂即可。

4 米粒煮熟後，加入肉羹，便可以添加鹽及味精。（味精可不加）

5 加入醬油調色調味。

6 最後加入豆皮及油蔥（油炒過的紅蔥頭）即可。

7 一碗香噴噴的肉粥完成了。

鹹米苔目

米苔目也是台灣傳統的米食之一，以在來米漿及地瓜粉混合而成，客家人稱為「米篩目」，因須在竹製的「米苔」上搓揉，讓粿狀的混合物由「米苔」上的孔洞中成線條狀流出，因而得名。早期先民因為慣吃米食，加上勤儉持家，促成了這種口味純樸的台灣麵點，它Q滑獨特的口感，無論是加入糖水或肉湯都別具風味，既可當做點心，也可代替正餐。

台灣如今各地都有不同風味米苔目，甜米苔目已成為極具代表性的夏日冰品，而鹹米苔目在每個縣市都有其強調的口味，例如花東、員林地區的肉燥米苔目；以蝦米、韭菜和胡椒為主料的客家米苔目；用豬頭肉湯頭輔以油蔥的嘉南古早味米苔目等等。而為了應付現代人挑剔的胃口，一些創意菜也紛紛出籠，如蠔油米苔目、三絲炒米苔目、魚丸豬血米苔目……等，花樣之多令人目不暇給。

鹹米苔目乍看之下有點像時下的一般麵食，外形類似坊間的鍋燒麵，粗粗的麵條，清爽嫩的嚼勁，能做到Q嫩爽口可是有相當的技巧的，各種粉料的混合比例決定米苔目的口感。不少老店的米苔目都標榜以手工揉製，讀者如果想讓米苔目的美味更上層樓，不妨依照下面提供的做法，自己動手做做看。一般來說想吃Q一點的米苔目就多加點太白粉；想要嫩一點則將在來米粉的比例加重即可。

精心熬燉的湯頭也將影響著鹹米苔目的口味，專家表示以豬頭肉、大骨熬煮出來的湯頭最清甜香濃，熬燉的時間需十二個小時以上，另外也可依個人喜好加入柴魚、洋蔥等燉料，以增添湯汁的鮮甜。做好了米苔目湯，再搭配一些傳統的小菜，如粉腸、豬肝切盤等，就是一頓經濟實惠的古早風味餐了。

我來介紹

「我們店裡面的食物衛生又道地，高湯每天熬煮最新鮮，家傳醬料配上小菜風味絕佳。」

老闆娘・朱阿碧女士

因為好吃，所以賺錢
勇伯米苔目

店址：台北市華西街37號（華西街觀光
　　　夜市第67號攤位）
電話：0927-590-650
每月營業額：約60萬

製 作 方 式

材料

〈4~6人份〉

製作鹹米苔目所需用到的材料為米苔目、新鮮豬肉、水、蝦米、紅蔥頭，調味料則有油、鹽、味精，一般市面上有販售已製作好成品的米苔目，但若讀者想自行調製米苔目則可準備5：2比例的在來米粉和太白粉，或自製在來米漿。

◆ 手工米苔目

在來米500g
太白粉200g
水1500g

◆ 米苔目湯

米苔目半斤
豬肉2兩
蝦米2兩
紅蔥頭1茶匙

油1湯匙
鹽1/3茶匙
味精1/4茶匙

◆ 配菜
豬心
大腸
豬肺
豬耳朵
豬舌

前製處理

手工米苔目

在來米洗淨，浸泡約3-4小時，取出瀝乾水分，加水以濕磨機磨成米漿(此米漿以細滑為佳)脫水漿糰(粿粹)。取三分之一煮熟成熟粿粹，再與所剩的生漿糰拌勻。與太白粉慢慢加入拌勻，揉至光滑。再用壓板機壓成米條，或用米苔目機壓成米條。接著入沸水中煮至浮起來，表示已熟。最後撈出立即放入冷水中，冷卻撈起瀝乾。

米苔目湯

高湯先熬煮好，新鮮豬肉、蝦米及炒香的紅蔥頭和水一起小火熬煮兩小時。

配菜

豬肉臟小菜的製作方式大致上可分為兩種，一種是以滷味方式製作，一種則是以簡單的川燙製作，製作方法相當簡單，準備配料有滷味包（可從中藥行或傳統市場取得）、蔥、薑母、冰糖、醬油。

滷味製作方法

先將一大鍋水煮沸，再將所有配料置入，接著將小菜主材料一併放入，以小火加熱三十分鐘，之後撈乾備用即可，適用材料為豬耳朵、大腸。

川燙製作方法

在滾水中加熱十分鐘即可撈起，注意不能煮太久，免得肉質變老，適用材料為豬心、豬肺、帶骨肉、大腸。

製作步驟

1 將熬煮好的高湯倒入蒸鍋下層，如無大蒸鍋可以電鍋代替。

2 將米苔目放入蒸鍋的上層，並持續加熱高湯以產生的水蒸氣蒸熟米苔目。

蒸熟的米苔目舀起裝入碗內。

蒸的過程中隨時將高湯淋在米苔目上，以避免上面的米苔目水份被蒸乾，這樣吃起來就會硬硬的影響口感。

盛入高湯即可完成。

1) 可以將買來的米苔目先淋上些許高湯，再放進電鍋裡蒸，和泡在水裡煮的口感會有所不同，但是要注意不能蒸太久，在蒸煮的同時也記得偶爾將高湯淋在上面的米苔目上，以免上面的米苔目水分失去太多，影響口感。

2) 淋在小菜上的醬汁也是美味的秘訣，下列這種醬汁頗適用於海鮮類及水煮川燙的肉類活用：

材料：

醬油膏2大匙、蕃茄醬3大匙、冰糖2大匙、烏醋 2大匙、香油 1大匙、蔥末、薑末、蒜末、辣椒末各少許。

作法：

將所有材料混合拌勻即可。

豬舌切片是傳統的配菜之一，吃起來嚼勁十足。

切好的豬舌肉裝盤。

8 淋上自製的醬汁。

9 撒上薑絲,增添美味。

10 完成後的米苔目及豬舌切盤。

四神湯

四神湯中的四神指的是薏仁、淮山、蓮子、茨實四種材料，是屬性溫和的中材藥。其中含有豐富纖維質，能幫助腸胃蠕動、補脾益氣、健胃、止瀉，對胃腸消化有極大的益處，經常食用不但可以養身，對皮膚也相當好。當中的薏仁可健脾補肺，茨實可補脾止瀉、固腎澀精，淮山可健脾固腎，蓮子則可益腎固精、養心安神，脾胃功能不好者，也可以多吃四神湯。

四神湯乃是民間常吃的補品，是溫和平補的良方。根據現代藥理研究，茨實含有蛋白質、維生素C、鈣、鐵、磷等豐富營養成分，可以止瀉、止夜尿。山藥含有黏液質、膽汁鹼、澱粉脢以及多量澱粉，為滋養強壯、幫助消化之良藥。蓮子則可以清心火而寧神，急性熱病或手術後體力衰弱者可用。茯苓則可增加腸胃道的吸收，並可治療腹瀉。

四神湯主要是治療食慾不好、或腸胃消化吸收不良、容易腹瀉或腹部脹滿等症狀，適合小孩子或發育成長的青少年使用。尤其小孩子在民間所謂的「轉大人」期間，家長常會為其進補，為的是幫助他們長大、長的更高更壯，但要注意的是太早進補只會使骨生長板提早癒合，那就長不高了，而四神湯此藥方可增加吸收、改善腸胃道毛病又不影響骨板提早閉合，亦可配合燉煮豬小肚、魚、或豆腐包。若常臉色蒼白者可增加紅棗、甘草，若抵抗力不佳者可以加黃耆、人參，容易腹瀉者則可加入白朮、陳皮等中藥。另外也適合病後康復期食慾不好、營養吸收不良服用。此外，怕燥熱或易上火的朋友也可安心服用。但是懷孕的婦女，則盡量避免食用，有些人因為體質不適合，喝多容易導致流產。

我來介紹

「四神湯中的豬肚、豬腸等食材，都經過我們繁複的翻面、去油等多道手續，所以吃起來軟段順滑，精燉的湯頭中加入祖傳的藥酒，順口不膩，讓許多人一吃便成了老顧客。」

老闆·劉福中先生與兒子

因為好吃，所以賺錢

地址：台北市南昌街二段2號巷口附近
電話：0935-682-933
每月營業額：約45萬

製作方式

據說四神湯原名為四臣湯，後來是民間誤把四臣為四神，以訛傳訛至今。所謂的四神指的就是中藥中的薏仁、淮山、蓮子及芡實，但也有人因為不喜歡太重的中藥味或者因為口味不同，所以也有只加入清淡薏仁的四神湯。

材料

小腸、粉腸、生腸、小肚
（看個人喜好加入材料）
薏仁適量
米酒適量

前製處理

　　高湯是使用大骨下去燉熬；小腸、粉
腸、生腸、小肚等食材，則經過多次翻面、
修剪、去油等步驟，處理過後再直接放入高
湯中煮熟備用；薏仁則是直接放入高湯中煮
熟備用。

製作步驟

1 取適量小腸剪段至碗中。

2 取適量粉腸剪段至碗中。

獨家秘方

1) 豬肚與豬腸是兩種很難處理的食材，建議大家在處理豬肚時，豬肚由內往外翻，可以用鹽、白醋或可樂洗淨，豬腸則可用鹽或白醋抓洗。

2) 若不想吃只有薏仁的四神湯，同樣先將豬腸除去肥油、再翻面反覆搓洗，待洗淨後加入熱水中川燙備用。將芙苓2錢、淮山3錢、芡實5錢、薏仁5錢、蓮子3錢等藥材及豬腸加10碗水一起入鍋燉煮，以大火煮開後再轉小火燉約2小時，待豬肚爛透即可，同樣也是一道美味的四神湯。

3 取適量生腸剪段至碗中。

4 取適量豬肚剪段至碗中。

5 加入煮熟薏仁及高湯至碗中。

6 加入適量的米酒調味,米酒要在最後做整合性調味時再加入,這樣才能將酒香發揮到極致。

7 綜合口味的四神湯,加入了小腸、粉腸、生腸及小肚,美味令人食指大動。

當歸鴨

　　五月至八月為當歸的開花季，它的花朵是呈白綠色，生長於潮濕的山脈、深谷、草地、河岸與沿海地區，其根使用在草本療效上。當歸的藥性是「味甘而辛」，有補血活血、止痛潤腸等療效，在傳統上是非常有名的補血藥品。

　　當歸素有「女性人參」的美譽，因為它對各種婦科毛病具有多項療效，中國婦女自古以來，就一直利用當歸來調經和舒緩因為子宮收縮所引起的的經痛；而現代的中醫師則使用當歸來減輕經前症候群帶來的不適，並且用它來幫助停用避孕藥的婦女，恢復正常的排經；更年期婦女也可以服用當歸來對付潮紅、發熱及其他因荷爾蒙改變而引起的不適症狀。

　　當歸含有多種揮發油成分，並有脂肪酸、維生素B12、生物素、維生素E、葉酸、類胡蘿蔔素等營養素。當歸有活血的作用，因此能促進血紅素及紅血球的生成，增加動脈血流量、降低血小板凝集及預防血栓的形成等作用。

　　當歸在中藥行裡是很普遍的藥材，更是我們日常生活中常用的養身食補。在中國，當歸應用於多種疾病的治療，包括腦動脈疾病、挫傷性主動脈呼吸疾病、皮膚病、肝炎以及脊髓灰白質炎。此外，當歸也已證實對於婦科疾病具有療效，可能是因為其對於子宮的調節以及抗發炎等功效使然。另外，由於當歸有潤腸作用可改善便秘，相對的也容易對腹瀉者造成不適。而且它有活血化瘀作用，因此對於懷孕婦女應視為禁忌，像中醫學上的傳統「當歸四物湯」都用來調經，現代醫學研究也已經發現其中有類似女性荷爾蒙的作用，所以對女性乳房發育及腫塊的形成也會有影響，因此若需要長期大量

我來介紹

「在台北東區經營當歸鴨生意十九年了，在口味及功效上都贏得不少客人的好評，若還沒嚐過，下次來到東區時不妨進來店裡坐坐。」

老闆娘・蔡小姐

因為好吃，所以賺錢
元祖當歸鴨

地址：台北市大安路一段42號
電話：（02）2772-9992
每月營業額：約62萬元

使用時，還是需要請教專業醫師，才是正確的現代養生觀念。

許多婦女朋友都會深受生理期的經痛所困擾。在此推薦一道做法簡單、材料又容易取得的「薏仁當歸粥」。只要將當歸煎煮出汁液，然後將當歸汁倒入已浸泡約四小時的薏仁、糙米及銀杏中，煮成糊狀後即可食用，多吃幾次，長時間下來就可以慢慢改善惱人的經痛問題。

製 作 方 式

材料

鴨肉可以去各市場購買；中藥材包含了桂尖、熟地、甘草、當歸、川芎等，台北人習慣到迪化街一帶批發購買；加入湯頭中的藥酒，是以米酒、當歸等中藥材調配而成。通常當歸酒的做法是，將切段的當歸根二百公克，浸入約1.8公升的米酒中，放置一至二個月後即可使用。

1. 鴨肉一隻（半斤）
2. 藥酒（或米酒）1杯
3. 桂尖2錢
4. 熟地2錢
5. 甘草1錢
6. 當歸2兩
7. 川芎2錢

前製處理

鴨隻自市場買回後，先洗乾淨，再將毛拔乾淨。

製作步驟

1

將桂尖、熟地、甘草、當歸
等數種中藥材，依比例裝入
藥包中。

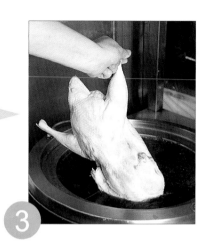

3

先將鴨隻洗淨，再將整隻鴨放入中
藥湯頭中燉煮，大約至八分熟時，
就可撈起備用。

2

將調配好的中藥包放進鍋中熬煉湯
底，大約熬煉2小時左右，讓中藥完全
入味。（期間必須隨時控制火侯，注
意湯底的濃淡隨時調整）

4 煮好後的鴨隻。

5 要吃之前將八分熟的鴨肉切塊處理。

6 將切塊後的鴨肉，再次放入湯底中燉煮，讓鴨肉能和藥材相互交融。

獨家秘方

可去中藥行調配藥包或購買市面上現成的藥包,先將藥包浸泡在米酒中,約20分後取出。

首先,將鴨肉洗淨、切塊,燙熟後備用。於鍋中注入適量水,加入中藥包,熬煉湯頭,待藥味出來後,將藥包取出。

再將燙熟後的鴨肉放進鍋中燉煮,待鴨肉入味熟透之後,即可食用。可視個人口味再添加米酒或調味料。

7 喜歡吃麵線的人,可趁燉煮鴨肉的空檔,將麵線放入鍋中煮熟後撈起。

8 將煮好的麵線放入碗中,再取適當份量的鴨肉置於其中。

9 加入適當得當歸藥酒後，舀
入中藥湯頭，就是一碗熱騰
騰的當歸鴨麵線了。

10 當歸鴨麵線的成品。

燒酒蝦

蝦具有豐富的營養，含有蛋白質、碳水化合物、磷、鐵、維生素A、鈣、核黃素、脂肪，其中谷氨酸含量最多，鮮味就是由此而來。此外還有微量元素硒，據說能預防癌症。新鮮的蝦滋味鮮美肥嫩，吃起來沒有惱人的魚腥味，也沒有骨刺，可說是備受老人、小孩的青睞。蝦的吃法多樣，可製成多種美味佳餚。如有胡椒蝦、辣椒蝦、炒蝦仁、清蒸蝦、鹽水蝦、燒酒蝦，更可以將蝦剁成餡包成蝦餡餛飩、水餃等。另外，利用小蝦或軟殼蝦，調以韭菜、麵粉製成的油炸蝦餅，都是令人垂涎的美味。

蝦在海水及淡水中均有出產，其種類繁多，常見及經濟價值較高的有龍蝦、毛蝦、白蝦、米蝦、沼蝦及對蝦等。蝦頭大、身細長而彎曲，鬚長腳多，故被人俗稱為「長鬚公」、「虎頭公」或「曲身小子」等。海產蝦就是所謂的對蝦，又名紅蝦、明蝦，體長肉實，味道之鮮美為蝦中之首。海蝦之所以被叫做對蝦，有人解釋為因其雌雄雙雙生活之故，其實不然，據說海蝦平時雌雄並不共同生活，只在交配期才相聚，所以才叫對蝦。

淡水蝦則以沼蝦為主要品種，俗稱青蝦，江、湖出產者色白，俗稱晃蝦，小溪池出產者色青。蝦食品還有蝦仁（海米）、蝦皮及蝦籽：蝦仁又叫蝦乾、是將蝦煮熟，曬乾（或烘乾）後去掉殼所得的乾製品。較大者叫蝦錢，小隻者叫「海米」，都是製作涼拌菜或熬湯汁的調味佳品。另外還有蝦皮，就是將毛蝦連殼煮熟後，曬乾或烘乾所得的帶殼乾蝦，其含有豐富營養，味道鮮美，尤其是價錢便宜，是許多家庭主婦愛用的食品之一。

蝦肉向來被認為既是美味，又是滋補壯陽之妙品。其中更含有蛋白質、

我來介紹

「店裡的活蝦都是直接從蝦場送來，鮮美甜嫩，而肥美多汁的烤蛤，也是來到店裡不可錯過的食物，許多人都是一起點兩種食物呢。」
老闆‧紀先生與紀太太

因為好吃，所以賺錢
元祖燒酒蝦

地址：台北市華西街55之1號
電話：（02）2308-8075
每月營業額：約54萬元

維生素各種
人體所需之
營養成份，
尤以蛋白質及維
生素A及磷、鈣等含量
最為豐富。其性甘溫，功能補腎壯陽、通乳、解毒，常用來治療腎虛陽痿，衰弱體虛以及各種瘡癤潰破等症。蝦皮有鎮靜作用，常用來治療神經衰弱諸症。海米通乳作用較強，而蝦米富含磷、鈣（每百克分別含10毫克及20毫克）對小兒、孕婦尤其有幫助。

　　中醫認為，蝦肉甘溫，有補腎壯陽、通乳汁之功效。但吃太多也容易有膽固醇過高之疑慮。陽盛有熱或陰虛有熱者忌用，這是因為蝦可溫熱助熱的原因。因體質關係，有些人吃蝦子會起疹塊，就是所謂的過敏反應，應避免多吃。

製 作 方 式

材料

藥材通常使用當歸、黃耆、桂枝、枸杞等，市面上也有販賣現成藥包，做法是水滾後，加入酒、藥材，用小火再煮十分鐘後，再加入蝦，等蝦變紅色即可熄火。

1. 活蝦2斤（可看個人喜好調整份量）
2. 米酒適量
3. 當歸適量
4. 熟地適量
5. 枸杞2錢
6. 桂枝2錢
7. 甘草3錢
8. 川芎2錢
9. 紅棗2錢

前製處理

先熬製湯底，使用當歸、川芎、枸杞、桂枝、甘草、熟地等藥材，加入適量的水與米酒下去熬製。

製作步驟

1 將已經熬好的中藥湯底舀適量到鍋中，並以小火加熱。

獨家秘方

　　燒酒蝦的湯頭並不需要像燉品一樣大費周章的熬上數小時，只要大致將中藥味引出來就好了，熬太久反而會讓湯頭口感苦澀，而且還會蓋過原本蝦的甜味喔。

2

將蝦子清洗乾淨。可以看個人喜好，喜歡吃什麼樣的蝦子就放什麼蝦子，但最重要的是要夠新鮮，肉質才會鮮甜。

3

等湯底滾開後，將蝦子直接放入鍋中。蝦子放入前，可先將蝦鬚剪掉，把腸泥挑掉。

4

待蝦子變為紅色之後即可熄
火，不用煮太久，以免蝦肉
過老，口感變差。

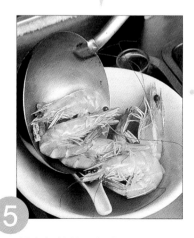

5

將煮好的燒酒蝦裝入碗中。

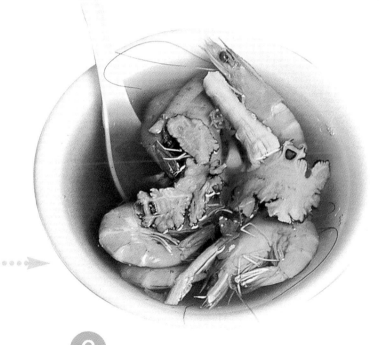

6

燒酒蝦成品。

傳統豆花

製作豆花最主要的材料就是黃豆了，中國人算是最早認識黃豆、利用黃豆的民族，根據明朝李時珍「本草綱目」中的記載，在西漢淮南王發明豆腐的製造，我們就可以得知吃黃豆的歷史至少有二千多年了。中國人一向注重黃豆的攝取，它是十分重要的植物蛋白來源，我們常把黃豆加工做成不同的製品，如豆漿、豆花、豆腐、豆乾、油豆腐、豆皮、素雞等；又利用發酵的技術發展出豆腐乳、豆豉、及調味料用的各種醬料，如豆瓣醬、醬油等等。

這些加工品與黃豆本身有什麼不同呢？其實加工品有很多優點，最重要的就是在人體內的消化吸收率較高，人體對這些加工品比較容易消化吸收，因此食用加工品會比直接吃黃豆來的好。從中醫的觀點看來，黃豆性平、味甘、入脾，對身體很好，因為黃豆中的胺基酸組成成分

比較接近人體所需，醫學報告中顯示，每天食用47克的黃豆蛋白，可降低膽固醇的總含量，減少血液中過高的三酸甘油脂含量。減少心血管疾病、心臟病、高血壓、糖尿病的發生機會。此外黃豆含有大豆卵磷脂，是種趨脂因子，可以去除體內的脂肪。對更年期的婦女來說，黃豆中豐富的異黃酮素，可抗乳癌、骨質疏鬆症。

由黃豆磨製成的豆花，香滑白嫩，任誰看了都想吃一口，在夏天，滑滑的豆花，加上一些碎冰，淋上特別熬製的糖水，再搭配自己喜歡的配料，如紅豆、綠豆或者粉圓、花生等，就是一碗大人小孩都愛吃的冰豆花。冬天吃豆花，除了糖水外，只要加上熱熱的薑汁，豆花搖身一變成為一碗熱呼呼可溫暖人心的甜品。

「滑嫩入口即化的古早味豆花,是我攤子的人氣項目!堅持傳統做法的美味豆花,豆香醇厚、細嫩爽口,搭配鬆軟可口的花生、紅豆…等配料,冰著吃或加熱薑汁暖呼呼的來一碗,兩者都是人間極品。」

老闆·詹勝義先生

因為好吃,所以賺錢

民生社區傳統豆花

地址:民生東路五段26巷8弄23號之1

電話:(02) 2745-7964

每月營業額:9萬8千元

製作方式

製作豆花,最重要的材料就是黃豆了。豆子的好壞關係著磨出來豆漿的品質,所以挑選黃豆時要特別注意豆子的顆粒是否飽滿、色澤漂不漂亮,絕不能馬虎。遇有變色或乾扁的豆子一定要挑出來,才能確保製作出來的豆漿鮮純味美。

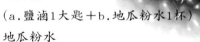

材料

黃豆1斤
粉圓半斤
花生半斤
紅豆半斤
凝固劑
(a.鹽滷1大匙+b.地瓜粉水1杯)
地瓜粉水
(調配方法:地瓜粉8大匙+水1大杯)

調味料

砂糖1杯
水5杯

前製作業

紅豆

（1）紅豆洗淨，泡水約2小時。

（2）加入約鍋深2/3的水，用大火煮滾約2個
　　　小時（時間視份量多寡）。

（3）待紅豆熟透後加入砂糖調味即可。

花生

（1）先將乾燥花生粒以人工或是機器脫去薄
　　　膜及黑點。

（2）洗淨後泡水2小時以上。

（3）加入約鍋深2/3的水，用大火燜煮約4個
　　　小時左右（時間視份量多寡）。

（4）待花生湯汁的顏色變得白稠後，再加入
　　　特級砂糖調味。

粉圓

（1）將一鍋水煮沸後，倒入適量的乾粉圓，
　　　在煮的過程需攪拌，避免黏成一團。

（2）約煮30分鐘後，撈起即可食用。

糖水

（1）先將煮糖水的鍋子以中火加熱。

（2）倒入2號砂糖轉小火不停拌炒至糖出現香
　　　味（不可炒焦）。

（3）加入清水攪拌成糖水。

（4）加入少許的鹽，逼出糖的甜味。

（5）加入1小塊冬瓜精提味（會更香）。

（6）待糖水滾後，撈起浮在上面的泡沫（糖
　　　水更清），即完成香甜的糖水了。

黃豆

（1）首先是浸豆的工作，夏天差不多4小時（夏天可放在冰箱內冷藏，避免變質），冬天則需8小時左右。

（2）黃豆漲大後，將浸泡的水倒掉備用。

製作步驟

將磨好的豆汁倒入脫漿器中，以去豆渣，此步驟也可用手工完成，將豆汁經紗袋過濾豆渣。

將浸泡過的黃豆與水以1：8.75（1斤黃豆約20杯清水）的比例倒入磨漿機中，差不多8兩的豆子配上3500cc的水。

3 將脫漿後的豆汁用小火煮沸,並不時撈出浮在上面的泡沫。之後關火等溫度降到約80度。

4 準備一深鍋將鹽滷和地瓜水於鍋中調勻,然後將煮熟的豆漿一氣呵成快數倒入凝固劑中。

5 等凝固冷卻約10分鐘,即成豆花。

獨 家 秘 方

1) 鹽滷（鹽滷就是海水製鹽的副產品，可爲凝固用，有機店可買到）與地瓜粉所配成的凝固劑是豆花好吃與否的重要關鍵。鹽滷和地瓜粉的比例以1：8爲最佳狀態。

2) 豆汁倒入凝固劑中的速度，往往決定豆花的凝固是否均勻，因此豆汁在倒入時一定要拉高，以重力加速度一氣呵成將鍋底的凝固劑沖勻；千萬不可分次倒入，否則豆花將會下硬上糊，無法均勻凝結。

6 待冷卻凝固之後，用薄勺將豆花舀起，盛於碗中。

7 加入紅豆、花生、綠豆、粉圓…等配料，可隨個人喜好添加。

加入先前熬製的糖水與碎冰
（若想熱食可加入熱薑汁），
即成可口的豆花。

8

9

香甜可口的豆花，自己親手做不僅營養，口味與衛生更是滿分。

手工肉圓

肉圓是最具代表性的台灣傳統小吃之一，這種以在來米粉、蕃薯粉蒸煮製成外皮，裹上鮮肉、竹筍內餡的鹹食，至今已有近二百年的歷史。據說最早的肉圓起源於彰化北斗，約一百八十六年前，一次水災造成嚴重的饑荒，居民沒東西吃便以樹薯搗成粉和著糖充飢，吃膩了甜食有人便將之油炸包入竹筍做成鹹食，成為廣受歡迎的點心。後來的人又將口味加以改良，加入肉餡，淋上調味醬，演變成今天的風味。

材料簡單，大眾口味的肉圓很快的流傳到台灣各地，並在不同的地域發展出不同的做法和風味，到了今天，台灣肉圓的種類多不勝數：有台北肉圓、新竹肉圓、台中肉圓、彰化肉圓、台南肉圓、台東肉圓等等。一般來說彰化以北是油炸肉圓的天下，彰化以南則盛行清蒸肉圓。油炸肉圓以豬油起鍋，口味香濃；清蒸肉圓則又黏又Q，口感清爽，可說是各有千秋。

肉圓的外皮多以地瓜粉、太白粉和在來米粉製成，將這些粉依比例加水攪拌混合的過程稱為調漿，粉的比例不同、攪拌的方式和時間都會影響外皮的口感，地瓜粉可使肉圓Q、脆；太白粉使肉圓黏韌；在來米粉則可使肉圓鬆軟，避免太黏。讀者可依自己的喜好加以調整。此外，調漿時的溫度也很重要，小火加熱才能使米糊保持適度的濃稠。

內餡方面油炸肉圓以筍絲、筍角和鮮肉、紅糟肉為主角，彰化、新竹地區的肉圓也有加入香菇、蝦米及青蔥提味的做法，南部的清蒸肉圓則以鮮肉和蝦仁為主。在家DIY其實可視季節或喜好來選擇

我來介紹

「我們的肉圓是以新鮮的豬腿肉手工製作的，外皮香Q，肉餡鮮嫩，很多人吃一次就上癮了。」

老闆‧黃先生

因為好吃，所以賺錢
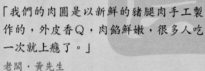

地址：台北市新中街4巷1號
電話：（02）2763-1506
每月營業額：約28萬元

餡料，油炸時也可用低膽固醇的植物油來取代豬油，如此才能吃得方便又健康。

肉圓要美味可口，除了講究做法，沾醬也是關鍵之一。傳統的醬汁以蒜泥醬油、辣椒醬及糖醬拌在一起，融和鹹、甜、辣三種滋味，使樸實的肉圓口味更豐富。另一種做法是以蕃茄醬加辣椒醬、白糖加太白粉分別熬煮成紅、白兩種醬汁，吃的時候分別淋上，再加上少許醬油膏、蒜蓉，不但香氣四溢，賣相也更佳。

製作方式

材料

〈約20個，視大小而定〉

　　內餡的豬肉最好使用大腿肉，因為瘦肉較多，口感較佳且價錢實惠。由於竹筍只有夏季盛產，其他季節不妨以罐裝筍來代替。醃漬過的筍子，不但不會影響肉圓的美味，甚至更有獨特的微酸口感。在家DIY也可以依喜好調配餡料。

1.在來米粉１杯
2.太白粉半斤
3.地瓜粉半斤
4.豬肉（大腿肉）１斤
5.罐頭鮮筍４兩
6.紅蔥頭２兩

調味料

1.五香粉半茶匙
2.鹽半茶匙
3.米酒半茶匙
4.砂糖半茶匙
5.香油少許
6.醬油２大匙
7.蒜頭適量

沾醬

1.甜辣醬２～３大匙
2.味噌１茶匙
3.味精1/2茶匙
4.鹽1/2茶匙
5.糖４～５茶匙
6.地瓜粉２～３兩（１斤水）

前製處理

肉圓外皮

（1）將 1 杯的在來米粉調成水，緩緩倒入正
　　煮沸的一鍋水中（約 5 杯水量），邊倒邊
　　攪拌成糊狀。

（2）此時將鍋離開火源，繼續攪拌至不燙
　　手。

（3）加入半斤太白粉及半斤地瓜粉所調成的
　　水，攪拌均勻調成粉漿。

內餡

（1）將豬大腿肉切成小塊。

（2）筍絲從罐頭中取出洗淨，用開水汆燙去
　　酸味，切成小丁。

（3）起油鍋將 2 兩的紅蔥頭爆香，炒至酥香
　　時，將肉塊拌炒成金黃，倒入筍丁翻
　　炒，加入半茶匙鹽、半茶匙五香粉、半
　　茶匙米酒、半茶匙砂糖及 2 大匙醬油和
　　少許香油調味拌勻備用。

沾醬

（1）將 3 大匙的甜辣醬（視口味亦可用蕃茄
　　醬），1 茶匙味噌、1/2 茶匙鹽、4 大茶
　　匙砂糖用中小火拌炒至香。

（2）加入 3 兩地瓜粉（亦可用糯米粉）調 1
　　斤水的地瓜粉水，勾芡煮沸調成沾醬。

製作步驟

1

先在製作肉圓的小碟模型上抹油（可以醬
油碟取代），再將粉漿用小湯匙均勻地抹
在小碟上鋪底。

2 將肉、筍、香菇用舀勺整理成丸狀。

4 於肉餡上抹上一層粉漿（皮的厚薄需適中，太厚皮會過硬，太薄皮則易破），使肉圓表面呈圓弧狀。

3 將內餡置於抹好的肉圓皮底。

5 將抹好的模型小碟放入水已滾沸的蒸籠中。

獨家秘方

1）若要肉圓的皮更香更Q，可費點心將在來米直接熬煮成米漿（需費時3～4鐘頭），取代在來米粉和地瓜粉、太白粉所製成的肉圓皮。但此種皮較嫩Q，外皮容易破掉，取用時的力道需小心些。

2）蒸熟的肉圓最好在冷油時就先下鍋，待油溫逐漸升高時，以勺子不斷換面翻動，讓肉圓平均受溫，如果覺得肉圓皮已逐漸變軟，即可起鍋瀝油（炸太久皮會變硬，影響口感）。

3）本書所介紹的做法為彰化肉圓，若想製作好吃的新竹紅糟肉圓可將內餡的調理方式稍做改變。其方法如下：
將買回來的五花肉1斤去筋去皮，切成小塊，用100公克的紅糟及酒1大匙、鹽1/3小匙、砂糖1大匙、五香粉1/3小匙、香油1小匙調勻醃製20分鐘。加入筍丁及蔥花（視口味可加、可不加）拌勻即成新竹肉圓內餡。

6 蒸約15分鐘，即成Q透的肉圓。

7 將蒸好的肉圓放入油鍋中以中火泡炸，炸熱之後，將肉圓放置旁邊瀝油。

9 用剪刀將肉圓中間剪出十字口，露出肉餡。

8 取出瀝過油的肉圓。

10 加入特製沾醬及適量的蒜蓉，即完成香Q的肉圓。

國家圖書館出版品預行編目資料

路邊攤超人氣小吃DIY / 大都會文化編輯部作
-- -- 初版 -- --
臺北市：大都會文化，2003〔民92〕
面；公分. -- --（DIY系列；3）
ISBN 957-28042-7-8（平裝）
　　　　　1.食譜
427.1　　　　　　　　92002608

作　　者	大都會文化編輯部
發 行 人	林敬彬
主　　編	張鈺玲
編　　輯	蔡佳淇
美術編輯	周莉萍
封面設計	周莉萍
出　　版	大都會文化 行政院新聞局北市業字第89號
發　　行	大都會文化事業有限公司
	110台北市基隆路一段432號4樓之9
	讀者服務專線：（02）2723-5216
	讀者服務傳真：（02）2723-5220
	電子郵件信箱：metro＠ms21.hinet.net
郵政劃撥	14050529　大都會文化事業有限公司
出版日期	2003年3月初版第一刷
定　　價	220元
Ｉ Ｓ Ｂ Ｎ	957-28042-7-8
書　　號	DIY-003

Printed in Taiwan

北 區 郵 政 管 理 局
登 記 證 北 台 字 第 9125 號
免 貼 郵 票

大都會文化事業有限公司
讀者服務部收
110 台北市基隆路一段432號4樓之9

寄回這張服務卡 (免貼郵票)
您可以：
◎不定期收到最新出版訊息
◎參加各項回讀優惠活動

大都會文化 讀者服務卡

書號：DIY-003　路邊攤超人氣小吃DIY

謝謝您選擇了這本書！期待您的支持與建議，讓我們能有更多聯繫與互動的機會。日後您將可不定期收到本公司的新書資訊及特惠活動訊息。

A. 您在何時購得本書：＿＿＿年＿＿＿月＿＿＿日

B. 您在何處購得本書：＿＿＿＿＿＿＿書店，位於＿＿＿＿＿＿(市、縣)

C. 您購買本書的動機：（可複選）1.□對主題或內容感興趣 2.□工作需要 3.□生活需要 4.□自我進修 5.□內容為流行熱門話題
　　6.□其他＿＿＿＿＿＿＿＿＿＿＿＿

D. 您最喜歡本書的：（可複選）1.□內容題材 2.□字體大小 3.□翻譯文筆 4.□封面 5.□編排方式 6.□其它＿＿＿＿＿＿＿

E. 您認為本書的封面：1.□非常出色 2.□普通 3.□毫不起眼 4.□其他＿＿＿＿＿＿＿＿＿

F. 您認為本書的編排：1.□非常出色 2.□普通 3.□毫不起眼 4.□其他＿＿＿＿＿＿＿＿＿

G. 您有買過本出版社所發行的「路邊攤賺大錢」一系列的書嗎？1.□有 2.□無（答無者請跳答J）

H.「路邊攤賺大錢」與「路邊攤超人氣小吃DIY」這兩本書，整體而言，您比較喜歡哪一本書？1.□ 路邊攤賺大錢 2.□ 路邊攤超人氣小吃DIY

I.請簡述上一題答案的原因：＿＿＿＿＿＿＿＿＿＿＿＿＿＿＿＿＿＿＿＿＿＿＿＿＿＿＿＿＿＿＿＿＿＿＿＿＿＿

J. 您希望我們出版哪類書籍：（可複選）1.□旅遊 2.□流行文化 3.□生活休閒 4.□美容保養 5.□散文小品 6.□科學新知
　　7.□藝術音樂 8.□致富理財 9.□工商企管 10.□科幻推理 11.□史哲類 12.□勵志傳記 13.□電影小說
　　14.□語言學習（＿＿＿語）15.□幽默諧趣 16.□其他＿＿＿＿＿＿＿＿＿＿＿＿＿＿＿＿＿＿＿＿

K.您對本書(系)的建議：＿＿＿＿＿＿＿＿＿＿＿＿＿＿＿＿＿＿＿＿＿＿＿＿＿＿＿＿＿＿＿＿＿＿＿＿＿＿
　　＿＿＿

L.您對本出版社的建議：＿＿＿＿＿＿＿＿＿＿＿＿＿＿＿＿＿＿＿＿＿＿＿＿＿＿＿＿＿＿＿＿＿＿＿＿＿＿
　　＿＿＿

讀 者 小 檔 案

姓名：＿＿＿＿＿＿＿＿＿＿　　　性別：□男 □女　　生日：＿＿＿年＿＿＿月＿＿＿日

年齡：□20歲以下 □21～30歲 □31～50歲 □51歲以上

職業：1.□學生 2.□軍公教 3.□大眾傳播 4.□ 服務業 5.□金融業 6.□製造業 7.□資訊業 8.□自由業 9.□家管 10.□退休
　　11.□其他＿＿＿＿＿＿＿＿＿＿＿＿＿＿＿＿＿＿＿＿＿＿＿＿＿＿＿＿＿＿＿＿＿＿

學歷：□ 國小或以下 □ 國中 □ 高中／高職 □ 大學／大專 □ 研究所以上

通訊地址：＿＿＿

電話：（H）＿＿＿＿＿＿＿＿＿＿＿＿（O）＿＿＿＿＿＿＿＿＿＿＿傳真：＿＿＿＿＿＿＿＿＿＿＿＿＿＿＿

行動電話：＿＿＿＿＿＿＿＿＿＿＿＿＿　E-Mail：＿＿＿＿＿＿＿＿＿＿＿＿＿＿＿＿＿＿＿＿＿＿＿＿＿

大都會文化事業圖書目錄

直接向本公司訂購任一書籍，一律八折優待（特價品不再打折）

度小月系列

路邊攤賺大錢【搶錢篇】 .定價280元
路邊攤賺大錢2【奇蹟篇】 定價280元
路邊攤賺大錢3【致富篇】 定價280元
路邊攤賺大錢4【飾品配件篇】 定價280元
路邊攤賺大錢5【清涼美食篇】 定價280元
路邊攤賺大錢6【異國美食篇】 定價280元
路邊攤賺大錢7【元氣早餐篇】 定價280元
路邊攤賺大錢8【養生進補篇】 定價280元

流行瘋系列

跟著偶像FUN韓假 定價260元
女人百分百──男人心中的最愛 定價180元
哈利波特魔法學院 定價160元
韓式愛美大作戰 定價240元
下一個偶像就是你 定價180元
芙蓉美人泡澡術 定價220元

DIY系列

路邊攤美食DIY 定價220元
嚴選台灣小吃DIY 定價220元
路邊攤超人氣小吃DIY 定價220元

人物誌系列

皇室的傲慢與偏見 定價360元
現代灰姑娘 定價199元
黛安娜傳 定價360元
最後的一場約會 定價360元
船上的365天 定價360元
優雅與狂野──威廉王子 定價260元
走出城堡的王子 定價160元
殞逝的英格蘭玫瑰 定價260元

漫談金庸－刀光・劍影・俠客夢 定價260元
貝克漢與維多利亞 定價280元

City Mall系列

別懷疑，我就是馬克大夫 定價200元
就是要賴在演藝圈 定價180元
愛情詭話 定價170元
唉呀！真尷尬 定價200元

精緻生活系列

另類費洛蒙 定價180元
女人窺心事 定價120元
花落 定價180元

發現大師系列

印象花園－梵谷 定價160元
印象花園－莫內 定價160元
印象花園－高更 定價160元
印象花園－竇加 定價160元
印象花園－雷諾瓦 定價160元
印象花園－大衛 定價160元
印象花園－畢卡索 定價160元
印象花園－達文西 定價160元
印象花園－米開朗基羅 .定價160元
印象花園－拉斐爾 定價160元
印象花園－林布蘭特 定價160元
印象花園－米勒 定價160元
印象花園套書（12本） .定價1920元
. . . .（特價1499元）

Holiday系列

絮語說相思 情有獨鐘 定價200元

工商企管系列

二十一世紀新工作浪潮 .定價200元
美術工作者設計生涯轉轉彎 定價200元
攝影工作者快門生涯轉轉彎 定價200元
企劃工作者動腦生涯轉轉彎 定價220元
電腦工作者滑鼠生涯轉轉彎 定價200元
打開視窗說亮話 定價200元
七大狂銷策略 定價220元
挑戰極限 定價320元
30分鐘教你提昇溝通技巧 定價110元
30分鐘教你自我腦內革命 定價110元
30分鐘教你樹立優質形象 定價110元
30分鐘教你錢多事少離家近 定價110元
30分鐘教你創造自我價值 定價110元
30分鐘教你Smart解決難題 定價110元
30分鐘教你如何激勵部屬 定價110元
30分鐘教你掌握優勢談判 定價110元
30分鐘教你如何快速致富 定價110元
30分鐘系列行動管理百科（全套九本） 定價990元
　　　（特價799元，加贈精裝行動管理手札一本）
化危機為轉機 定價200元

親子教養系列

兒童完全自救寶盒 定價3,490元
　　（五書+五卡+四卷錄影帶 特價2,490元）
兒童完全自救手冊—爸爸媽媽不在家時 定價199元
兒童完全自救手冊—上學和放學途中 定價199元
兒童完全自救手冊—獨自出門 定價199元
兒童完全自救手冊—急救方法 定價199元
兒童完全自救手冊—
　　　急救方法與危機處理備忘錄 定價199元

語言工具系列

NEC新觀念美語教室 .定價12,450元
　　　（共8本書48卷卡帶 特價9,960元）

您可以採用下列簡便的訂購方式：

● 請向全國鄰近之各大書局選購
● 劃撥訂購：請直接至郵局劃撥付款。
　帳號：14050529
　戶名：大都會文化事業有限公司
　　　（請於劃撥單背面通訊欄註明欲購書名及數量）
● 信用卡訂購：請填妥下面個人資料與訂購單。
　　　　（放大後傳真至本公司）

讀者服務熱線：（02）2723-5216（代表號）
讀者傳真熱線：（02）2723-5220（24小時開放請多加利用）

團體訂購，另有優惠！

信用卡專用訂購單

我要購買以下書籍：

書　　名	單價	數量	合計

總共：＿＿＿＿＿＿＿＿本書 ＿＿＿＿＿＿＿元
　　（訂購金額未滿500元以上，請加掛號費50元）
信用卡號：＿＿＿＿＿＿＿＿＿＿＿＿＿＿＿＿
信用卡有效期限：西元＿＿＿＿＿年＿＿＿＿月

信用卡持有人簽名：＿＿＿＿＿＿＿＿＿＿＿＿
　　　　　　　　　　（簽名請與信用卡上同）
信用卡別：□VISA □Master □AE □JCB □聯合信用卡
姓名：＿＿＿＿＿＿＿＿＿＿＿＿性別：＿＿＿＿＿
出生年月日：＿＿＿＿年＿＿＿月＿＿＿日 職業：＿＿＿＿＿
電話：（H）＿＿＿＿＿＿＿＿（O）＿＿＿＿＿＿＿＿
傳真：＿＿＿＿＿＿＿＿＿＿＿
寄書地址：□□□
＿＿＿＿＿＿＿＿＿＿＿＿＿＿＿＿＿＿＿＿＿＿
e-mail：＿＿＿＿＿＿＿＿＿＿＿＿＿＿＿＿＿＿

大都會文化事業有限公司

台北市信義區基隆路一段 432號 4樓之 9
電話：（02）27235216（代表號）
傳真：（02）27235220（24小時開放多加利用）

e-mail：metro@ms21.hinet.net
劃撥帳號：14050529
戶名：大都會文化事業有限公司